Wie ein Modell des Kosmos
ohne Raumexpansion aussehen könnt

Wie ein Modell des Kosmos ohne Raumexpansion aussehen könnte

– Ergebnis eines Gedankenexperimentes –

Oskar Beer

Bibliografische Information der Deutschen Nationalbibliothek
Die Deutsche Nationalbibliothek verzeichnet diese Publikation in der Deutschen Nationalbibliografie; detaillierte bibliographische Daten sind im Internet über http://dnb.d-nb.de abrufbar.
1. Aufl. - Göttingen: Cuvillier, 2021

Nonnenstieg 8, 37075 Göttingen
Telefon: 0551-54724-0
Telefax: 0551-54724-21
www.cuvillier.de

1. Auflage, 2021
Gedruckt auf umweltfreundlichem, säurefreiem Papier aus nachhaltiger Forstwirtschaft.

ISBN 978-3-7369-7398-5
eISBN 978-3-7369-6398-6

Wie ein Modell des Kosmos ohne Raumexpansion aussehen könnte

– Ergebnis eines Gedankenexperimentes –

Inhaltsverzeichnis

Summary

How a Model of the Cosmos without Expansion of Space could look like

- Result of a Gedankenexperiment -

From the findings of a gedankenexperiment an alternative model of the cosmos has been derived, including predictions of velocities and actual distances from celestial bodies to the earth. These predictions are in exact match with the published data of the Extragalactic Cepheid Database of the Konkoly Observatory [5)] as well as of the Supernova Catalogue of Guillochon et al. [6)] (See below chapter 3) . The cosmic red shift is due to the Doppler effect and the model yields a theoretical value of the Hubble constant of 70,9 (km/(Mpc·s). The setup can be described by an equation of motion analogue to the second Friedmann differential equation. In first approximation the specific energy of baryonic and Dark Matter on the one side and the Energy , responsible for the expansion of the cosmos on the other side is given by 0,33 to 0,67. Further on, the Copernican principle for the cosmos is fulfilled.

This model describes only effects related to the Big Bang. All later occurrences like later interactions, background radiation, genesis of galaxies, elements, black holes etc. remain unaffected.

1. Einleitung

Die Expansion des Kosmos ist gesicherte Erkenntnis, in welche Richtung man auch beobachtet. Expansion bedeutet formal, der Abstand entfernter Sterne zu einem Beobachter wird mit der Zeit größer. Darüber hinaus gilt, je weiter entfernt ein Stern ist, desto schneller erhöht sich sein Abstand. Da die Erde keine Vorzugsstellung im Kosmos innehat, muss diese Beobachtung unabhängig davon sein auf welchem Stern sich der Beobachter befindet.

Im Standardmodell des Kosmologie(1) wird diese Eigenschaft des Kosmos mit der Ausdehnung des Raumes erklärt, die besagt der betreffende Stern bewegt sich vom Beobachter nicht weg, sondern der Raum dazwischen dehnt sich aus. Diese Erklärung ist mathematisch darstellbar und kann überdies wichtige Eigenschaften des Kosmos gut erklären. Wie schon bei der experimentell nachgewiesenen richtigen Beschreibung von Naturvorgängen durch die Quanten- und Relativitätstheorie haben die Physiker sich an mathematische Beschreibungen der Natur gewöhnt, die dem menschlichen Verstand nicht zugänglich sind. Für die allermeisten Kosmologen ist so die Ausdehnung des leeren Raumes lediglich ein weiteres erfolgreiches Beispiel für die mathematische Beschreibung der Natur.

Im Unterschied zu den eben genannten Theorien ist die Ausdehnung des Raumes experimentell nicht nachgewiesen, weder durch Beobachtungen auf der Erde noch im nahen Kosmos, z.B. der Milchstraße. Aber selbst vehement ätzende Kritiker(2) konnten keine physikalisch belastbare Alternative aufzeigen. Ist die Ausdehnung des Raumes also tatsächlich alternativlos?

In dieser Arbeit werden in einem Gedankenexperiment einige bekannte Eigenschaften des Kosmos simuliert. Es wird versucht , diese Eigenschaften physikalisch zu erklären ohne auf die Annahme der Ausdehnung des Raumes zurückzugreifen und ohne neue Parameter einzuführen. Diese Erklärungen führen erstaunlicherweise zu einem Modell des Kosmos, das Aussagen/Vorhersagen beinhaltet, die ausgezeichnet mit gemessenen Daten im Kosmos übereinstimmen.

2. Vom Gedankenexperiment zum Modell des Kosmos

2.1 Experimentelle Anordnung. Definition des Ausgangsraumes der Expansion

Das zu definierende Gedankenexperiment soll sämtliche gesicherte Fakten über den Kosmos berücksichtigen, insbesondere Urknall, zunehmende Entfernung der Sterne vom Beobachter, die seit dem Urknall verstrichene Zeit, ungefähre Gesamtmasse des Kosmos, Existenz der Dunklen Materie, kopernikanisches Prinzip. Jedoch sollen anstelle der Ausdehnung des Raumes nur experimentell nachgewiesene physikalische Gesetzmäßigkeiten und Prinzipien als Erklärung in Frage kommen.

Im Gedankenexperiment wird, angelehnt an kosmische Daten, zu einem beliebigen Zeitpunkt ein kugelförmiges Volumen betrachtet, das innerhalb eines sehr großen Radius etwa 10^{54} kg „normale" (bzw. baryonische) Materie und Dunkle Materie enthalten möge, und in dessen Zentrum U sich ein fiktiver Beobachter befinde. Entsprechend der Situation im Kosmos möge sich alle normale und Dunkle Materie , entgegen der gravitativen Anziehung, radial von ihm entfernen, je weiter entfernt mit umso größerer Geschwindigkeit. Der mit allen erforderlichen physikalischen Geräten ausgestatteten Beobachter habe die Aufgabe für diese scheinbar rätselhaften Expansion der Materie einen Erklärungsansatz zu erarbeiten. Er wird folgende Beobachtungen und daraus abgeleitete Folgerungen feststellen.

- Der Radius des mit Materie ausgefüllten Volumens wird größer.

- Eine thermodynamische Ausdehnung als Ursache scheidet aus, da dieses Volumen - genauso wie der Kosmos - kalt sein möge. Außerdem müsste die Expansions-Geschwindigkeit mit der Zeit wegen der Gravitation abnehmen, entgegen der Beobachtung.

- In Kenntnis nachgewiesener physikalischer Prinzipien wird die zunehmende Entfernung der Materie voneinander entgegen ihrer Gravitations-Anziehung auf eine Kraft zurückführt, die auf die Materie wirkt.

- Da diese Kraft auf Materie wirkt, kann geschlossen werden, dass sie auch von Materie ausgeht, so wie jede andere bekannte Wechselwirkung, sei es Gravitation, Elektromagnetismus, die schwache oder starke Kernkraft

- Die Materie, von der diese Kraft ausgeht ist unbekannt und werde willkürlich als m(-) bezeichnet. Die normale und Dunkle Materie werde im Gegensatz dazu wegen ihrer gemeinsamen Expansion und ihrer gegenseitigen Anziehung willkürlich als m(+) bezeichnet.

- Bei Annahme obiger Schlussfolgerungen muss die von m(-) auf m(+) wirkende Kraft abstoßend , langreichweitig (also wie alle bekannten Kräfte langer Reichweite und Energieübertragungen durch Wellen mit $1/r^2$ abnehmen) und kumulativ sein (d.h. die von mehreren Teilchen ausgehenden Kräfte addieren sich). Andernfalls wäre die Expansion der m(+)-Materie entgegen der Gravitation von vornherein unmöglich. Damit fallen die Kräfte, die nur auf ihre nächste Umgebung wirken, also die schwache und starke Kernkraft als Erklärung aus. Auch elektromagnetische Kräfte entfallen als Erklärung. Die elektrischen Ladungen sind unsortiert, wegen der Anziehung entgegengesetzter elektrischen Ladungen sowie der Abstoßung gleicher Ladungen heben sich die elektrisch wirkenden Kräfte gegenseitig auf. Die Träger der Ladungen unterliegen lediglich den Kräften, die auf ihre Massen wirken .

- ferner muss die m(-)-Materie zu sich selbst anziehend sein, da sonst sie selbst und nicht m(+) expandieren würde. Dies ergibt sich daraus, da im anderen Fall auf ein m(-) Teilchen mehr abstoßende Kräfte wirkten als auf ein m(+) Teilchen. Die m(-)-Materie würde expandieren und m(+) kontrahieren.

- Da die abstoßende Kraft dem $1/r^2$ -Gesetz der langreichweitigen Kräfte folgen soll, kann die Abstoßungskonstante mit -G, also der negativen Gravitationskonstante, definiert und damit die Masse der m(-)-Materie derart normiert werden, dass der Beobachter derjenigen Menge der m(-)-Materie – was auch immer sie ist – die Masse 1kg zuordnet, wenn diese Menge zu einem Kilogramm normaler Materie in einem Meter Abstand eine abstoßende Kraft von G Newton ausübt.

- Die gesamte so normierte Masse der m(-)-Materie muss in dem betrachteten Volumen mindestens gleich groß wie die gesamte darin enthaltene Masse der m(+)-Materie sein, denn sonst würde die gravitative Anziehung der m(+)-Materie überwiegen und die m(+)-Materie wurde kontrahieren statt expandieren. Ferner muss aus eben diesem Grund die Anziehung der m(-)-Materie zu sich selbst mindestens mit der Gravitationskonstanten G erfolgen.

Die Existenz einer hinreichenden Menge von m(-)-Materie in diesem Volumen könnte damit bereits die Expansion der m(+)-Materie erklären. Weitere Folgerungen kommen hinzu, wenn der Beobachter die zeitliche Änderung der Anordnung hinsichtlich Radius und Materieverteilung in Betracht zieht. Die m(-)-Materie muss sich, wegen der Anziehung zu sich selbst und der andauernden Expansion der m(+)-Materie, zunehmend um das Zentrum U kontrahieren, bis es dort schließlich zu einem M(-)-Kern kommt. Die expandierende m(+)-Materie befindet sich außerhalb dieses Kerns. Bei zeitlicher Konstanz der Naturgesetze haben die oben hergeleiteten Kräfteverhältnisse schon in der Vergangenheit bestanden und zum betrachteten Zeitpunkt liege die Kontraktion zu einem M(-)-Kern bereits vor. Gedanklich werde nun das System mit einem M(-)-Kern und der davon expandierenden m(+)-Materie zeitlich immer weiter zeitlich zurückverfolgt. Das betrachtete Volumen wird dann immer kleiner, beide Materiesorten kommen sich immer näher oder überlappen sich möglicherweise. Außer einem - wie auch immer zu definierenden - Ereignis („Urknall"), bei dem diese Kräfteverhältnisse einsetzten, ist kein zeitlicher oder räumlicher Anfang erkennbar.

Als Erklärungsansatz für die expandierende Materie wird hiermit ein aus einem "Urknall" hervorgegangener Ausgangszustand postuliert, der aus einem M(-)-Kern und der radial kugelsymmetrisch von ihm innerhalb eines Radius b expandierenden m(+)-Materie besteht, mit gleich großen Gesamtmassen M(-) und M(+) von je 10^{54} kg . Der Radius b definiere den räumlichen Bereich, bei dem die hergeleiteten Kräfteverhältnisse so kurz vorher einsetzten, dass es gerade zur Bildung des M(-)-Kerns gekommen war und werde willkürlich zwischen

0 und einem Lichtjahr angesetzt. Nach allgemeinem kosmologischen Verständnis vermutet man den Urknall eher bei einer Raumgröße nahe „Null" als einer Raumgröße von einem Lichtjahr.

Die Sinnhaftigkeit und der Erklärungsgehalt dieses postulierten Ausgangszustandes bzw. Ausgangsanordnung als Modell für den Kosmos kann nur durch die daraus stringent hergeleiteten Folgerungen bzw. Vorhersagen und deren Vergleich mit den Beobachtungen beurteilt werden.

Es wird betont, dass es sich nicht um den Anfangszustand des Kosmos handelt, sondern nur um den Ausgangszustand für den Fortgang des Gedankenexperimentes. Hinsichtlich des möglichen Anfangszustandes wird auf die Überlegungen in Anhang 1 verwiesen, die aber für die weiteren Folgerungen dieser Arbeit ohne Relevanz sind.

Das Gravitationspotential P(b) der kugelsymmetrischen Ausgangsanordnung berechnet sich näherungsweise zu (da wegen der hohen Beschleunigungen die m(+)-Materie sehr bald Lichtgeschwindigkeit erreicht und näherungsweise in einer Kugelschale mit dem Radius b enthalten ist)

$$P(b) = \frac{G}{b} \cdot M(-) \cdot M(+) - \frac{G}{2b} \cdot M^2(+) \qquad (1)$$

Man könnte diesen Ausgangszustand auch so interpretieren: Der M(-)- Kern ist ein antigravitatives Schwarzes Loch mit der zu M(+) gleichen Masse M, das die normale und Dunkle Materie mit der Gravitations-Konstanten -G abstößt.

2.2 Wahrnehmung des Beobachters im Zentrum des Ausgangsraumes

Das Gedankenexperiment werde nun fortgesetzt. Das riesige Potential der Ausgangsanordnung (1) möge sich entladen und in kinetische Energie der expandierenden m(+)-Materie umgesetzt werden. Wegen der 1/r - Abnahme des Potentials ist schon bei etwa der tausendfachen Ausdehnung in guter Näherung die gesamte anfängliche potentielle Energie in kinetische Energie der m(+)-Materie umgewandelt und damit die mittlere Geschwindigkeit der expandierenden Materie konstant.

Diese Schlussfolgerung ist mathematisch in Anhang 2 beschrieben zusammen mit den für diese Phase des Gedankenexperimentes wesentlichen Ergebnissen :

Die m(+) Materie breitet sich vom Ausgangszustand nach einer gegenüber der bis heute seit dem Urknall vergangenen, vernachlässigbar kurzen Zeit T* mit einer konstanten , mittleren radialen Fliehgeschwindigkeit $\overline{u}'$ aus

$$\overline{u}' = c - \overline{\varepsilon}' = c - 10^{-A} \text{ (m/s)} \qquad \text{mit} \qquad 8 < A < B$$

wobei $\overline{\varepsilon}'$ eine extrem kleine Abweichung von der Lichtgeschwindigkeit ist. Dabei kann B eine beliebige Zahl größer als 8 sein. Die Geschwindigkeit u_i' eines beliebigen

Massepunktes ist nach der Zeit T* ebenfalls konstant und kann vom Mittelwert $\overline{u}'$ wie folgt abweichen

$$u_i' = (c - \varepsilon_i') = (c - 10^{-A+a_i}) \quad (m/s)$$

mit der willkürlichen Annahme $|a_i| < 3$, die aber keinen Einfluss auf die Ergebnisse hat. Denn ohne Einschränkung der Allgemeinheit kann angenommen werden, dass die mittlere Geschwindigkeit auch die wahrscheinlichste Geschwindigkeit der Massepunkte ist. Schon bei $a_i \leq 2$ würde die kinetische Energie solcher Massepunkte bis zu einem Faktor 10 von der mittleren Energie der Massepunkte abweichen, und damit den größten Teil der Materie umfassen.

Nach der Zeit T* ist auch die Relativgeschwindigkeit ($\vec{u}_1' - \vec{u}_2'$) zwischen zwei beliebigen Punkten S_1 und S_2 wegen

$$\vec{u}_1' = c - \vec{\varepsilon}_1' = \text{const} \qquad \text{und} \qquad \vec{u}_2' = c - \vec{\varepsilon}_2' = \text{const.}$$

konstant und ihr gegenseitiger Abstand nimmt linear mit der Zeit zu

Die gesamte mit nahe Lichtgeschwindigkeit expandierende m(+) Materie befindet sich in einer dünnen Kugelschale, deren Dicke s' von der minimal und maximal möglichen radialen Fliehgeschwindigkeit definiert wird $s' = (\varepsilon'_{max} - \varepsilon'_{min}) \cdot R_0'$, also extrem gering im Vergleich zur Expansion R_0' zum Zeitpunkt T_0. Die Verteilung der Materie in dieser Schale wird neben der Geschwindigkeit auch noch von ihrer räumlichen Verteilung zu Beginn des Expansionsvorganges abhängen. Für die weiteren Schlussfolgerungen dieser Arbeit kommt es allein auf die Konstanz der Geschwindigkeiten der in dieser „Schale" befindlichen Massepunkte an.

Die Anwendbarkeit auf den Kosmos erscheint hier auf der ersten Blick nicht vielversprechend, denn für einen Beobachter auf der Erde stellt sich der Kosmos völlig anders dar, insbesondere nicht in Form einer Kugelschale. Hier muss man sich aber klar machen, dass sich dieses Ergebnis lediglich für den fiktiven Beobachter im Zentrum des Ausgangsraumes so darstellt. Die Erde ist dagegen ein „Punkt" in der expandierenden Materie der „dünnen" Kugelschale.

2.3 Definition des alternativen Modells des Kosmos

Die Lösung dieses scheinbaren Widerspruches erfolgt in der nun folgenden Phase 3 des Gedankenexperimentes. In dieser Phase werden die Geschwindigkeiten im bisher betrachteten System des fiktiven Beobachters („U-System") auf das Bezugssystem eines Beobachters auf der Erde („E-System"), einem beliebigen Punkt in der expandierenden Materieschale transformiert. Da nach Anhang 2 die Relativ-Geschwindigkeit der beiden Systeme konstant ist, kann für diese Transformation die Spezielle Relativitätstheorie angewendet werden. Danach geht jede lineare Beziehung zwischen x', y' , z' und t' des U-Systems in eine lineare Beziehung zwischen x, y, z und t des E- Systems über; folglich ist jede geradlinige Bewegung in einem Bezugssystem eine ebensolche im anderen und es werden in einem gleiche Strecken in gleichen Zeiten zurückgelegt, sofern dies im anderen der Fall ist [4)]. Ferner, ist in einem System die Geschwindigkeit unabhängig von der Zeit ist dies im anderen auch der Fall. Die Transformation der Geschwindigkeiten vom U-System in das Bezugssystem des Punktes E ist in Anhang 3 beschrieben und führt zum vom Punkt E aus beobachtbaren Kosmos

Der weiter oben postulierte Ausgangszustand, die daraus resultierende Expansion der Massepunkte mit konstanter Geschwindigkeit im U-System sowie die nachfolgende Transformation in das E-System mit ebenfalls konstanter Geschwindigkeit der Massepunkte stellen das aus dem Gedankenexperiment entwickelte alternative Modell des Kosmos dar. Die Ergebnisse bzw. Vorhersagen dieses Modells basieren allein auf diesen Schritten und enthalten insbesondere keine Parameter um Modelldaten an die Beobachtungen anzupassen.

In einer früheren Veröffentlichung[3)] wurde dieses alternative Modell des Kosmos als „Duales Modell des Kosmos" bezeichnet, aufgrund seiner unterschiedlichen Darstellung einmal im U-System und zum anderen im E-System. Die Darstellung im E-System ist der von der Erde aus beobachtbare Kosmos. Die Darstellung im U-System entspräche der Sicht eines fiktiven Beobachters am Ort des Urknalls.

Im Standardmodell der Kosmologie verschmelzen diese beiden Bezugssysteme zu einem einzigen, da es dort zwischen den „Punkten" U und E keine (vom Urknall herrührende) Geschwindigkeit gibt.

2.4 Wahrnehmung eines Beobachters auf der Erde

Im folgenden werden die aus dieser Transformation resultierenden Eigenschaften / Daten hergeleitet und mit den veröffentlichten Eigenschaften/Daten des Kosmos verglichen. Wegen der (nach der Zeit T*) Konstanz der Geschwindigkeit u' eines Massepunktes zwischen der Erde E und einem beliebigen Stern S im U-System ist die Geschwindigkeit u zwischen diesen Punkten nach der Transformation auf das Bezugssystem der Erde ebenfalls konstant. Durch Multiplikation mit der bis heute seit dem Urknall vergangenen Zeit T_0 ($T^* \ll T_0$) ergibt sich direkt die heutige Entfernungen D zur Erde

$$D = u\,(T_0 - T^*) + \tilde{u} \cdot T^* \qquad \text{und wegen } T^* \ll T_0$$

$$D = u \cdot T_0 \tag{2}$$

Gleichung (2) ist die Fundamentalbeziehung dieses aus dem Gedankenexperiment entwickelten Modells und kann erklären, dass die Fliehgeschwindigkeit eines Sterns zur Erde umso größer, je weiter der Stern entfernt ist.

Das Ergebnis einer solchen Transformation ist für ein Beispiel in Abb.1 dargestellt und zeigt das von einem Beobachter auf der Erde beobachtbare Universum. Der in der Abbildung blau gefärbte, beobachtbare Bereich erstreckt sich , ausgehend vom Punkt E nach allen Richtungen von der Fliehgeschwindigkeit u = 0 bis nahe Lichtgeschwindigkeit, als auch wegen $D = u \cdot T_0$ von der heutigen Entfernung D=0 bis nahe T_0 Lichtjahre. Die x-Achse ist Symmetrieachse. Die Größe des beobachtbaren Bereiches hängt vor allem von der Variationsbreite a (siehe Anhang 2) des Geschwindigkeitsspektrums um den Mittelwert $\bar{u}'$ ab. Das Beispiel wurde mit $|a| = 1$ gerechnet. Je größer a desto weiter ist der beobachtbare Bereich bis hin zur roten Kreisschale, der den maximal beobachtbaren Bereich mit dem Radius von T_0 Lichtjahren definiert.

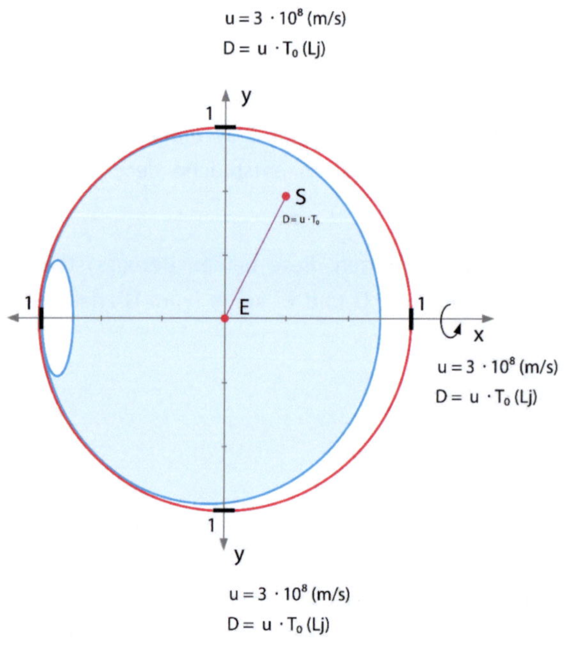

Abb. 1 Schematische Darstellung des beobachtbaren Kosmos
Die Erde E ist der Mittelpunkt des von der Erde aus beobachtbaren Kosmos. Alle Sterne im beobachtbaren (blau gefärbten) Bereich bewegen sich von der Erde mit der Fliehgeschwindigkeit u weg, welche proportional zum heutigen Abstand D von der Erde ist. Proportionalitätsfaktor ist die seit dem Urknall vergangenen Zeit T_0.

Folgende Eigenschaften des Kosmos können durch das Modell erklärt oder vorhergesagt werden:

- Alle Sterne entfernen sich vom Beobachter auf der Erde
- die Entfernung eines Sterns vom Beobachter ist proportional zu dessen Fliehgeschwindigkeit, d.h. je weiter entfernt ein Stern ist, desto schneller seine Fliehgeschwindigkeit.
- Proportionalitätsfaktor ist die seit dem Urknall vergangene Zeit T_0. Die Entfernung eines Sterns zur Erde kann daher sofort in dessen Flieh-Geschwindigkeit umgerechnet werden und umgekehrt
- Die Verteilung der Materie ist nicht kugelsymmetrisch. Es liegt Symmetrie um die x-Achse vor (d.h. um die Gerade vom Zentrum U des Ausgangsraumes zu Punkt E des Beobachters). Die y-Achse ist senkrecht dazu und unabhängig vom Drehwinkel um die x-Achse. Diese Rotationssymmetrie kann durch spätere Wechselwirkungen der m(+) Materie jedoch wieder verloren werden. In sehr großen Entfernungen vermutlich etwa ab 100 Mpc sollte diese rotationssymmetrische Verteilung der Materie aber erhalten bleiben.
- Im U-System entspricht die x-Achse der radialen Geraden senkrecht durch die dünne Materieschale mit rasch zu- und abnehmender Materieverteilung längs dieser Richtung, während man in tangentialer Richtung (also der y-Achse) noch in oder nahe der maximalen Dichte der Materieschale bleibt. Gemäß Anhang 3 wird bei der Transformation die x- und y-Achse auch im E-System erhalten. Daraus folgt:
    - Es wird (abhängig von der Position der Geschwindigkeit des Punktes E in der radialen Geschwindigkeitsverteilung im U-System) nach der Transformation in das E-System in der Umgebung des Punktes E eine eher scheibenförmige Materieverteilung vorliegen. Insgesamt würde dadurch offensichtlich die Bildung scheibenförmiger Galaxien begünstigt.
    - Die x-Achse könnte bestimmt werden als die Beobachtungsrichtung mit der stärksten Abnahme der Materiedichte mit zunehmender Entfernung. Dies gilt sowohl für die positive als auch die negative Richtung dieser Achse, obwohl in beiden Richtungen unterschiedliche Materiedichten vorliegen.
    - Je größer der Winkel zwischen der zu bestimmenden x-Achse und der Beobachtungsrichtung, desto geringer sollte die Abnahme der Materiedichte in Beobachtungsrichtung mit der Entfernung sein.

Dichteschwankungen könnten aufgrund ihrer unterschiedlichen Position in der expandierenden m(+)-Materieschale des U-Systems sehr unterschiedliche Entstehungsformation von Galaxien bewirkt haben.

Da im Kosmosmodell dieses Gedankenexperimentes die Erde ein beliebiger Punkt im Kosmos ist, ergeben sich diese Phänomene auch für einen Beobachter auf jedem anderen Stern im Kosmos, in Übereinstimmung mit dem kopernikanischen Prinzip.

3. Vorhersagen zu Geschwindigkeiten und Entfernungen

Da in dieser Arbeit zur Erklärung des Kosmos die naheliegende Hypothese der Ausdehnung des Raumes ausgeschlagen wird, gilt dies auch für die damit untrennbar verbundene „kosmischen Rotverschiebung". Als physikalisch sich anbietender Erklärungsansatz für die im Kosmos beobachtete Rotverschiebung des Lichts ferner Himmelskörper kommt dann nur der wohlbekannte Dopplereffekt in Frage. Für das von einem Stern S mit der Fliehgeschwindigkeit u zur Erde ausgesandte und von einem Beobachter auf der Erde empfangene Licht kommt es aufgrund des relativistischen Dopplereffektes [4)] zu folgender Rotverschiebung z

$$z = \Delta\lambda/\lambda' = \frac{\sqrt{c+u}}{\sqrt{c-u}} - 1 \qquad \text{bzw.}$$

$$z+1 = \lambda/\lambda' = \frac{\sqrt{c+u}}{\sqrt{c-u}} \tag{3a}$$

Dabei ist λ die beobachtete Wellenlänge und Δλ = λ – λ' die Abweichung von der bekannten Spektral-Wellenlänge λ' (des Senders). Die gemessene Wellenlänge λ ist größer als λ', wenn u positiv ist, also Sender und Beobachter sich einander entfernen.

Aus Gl. (3a) ergeben sich direkt folgende Vorhersagen für die Fliehgeschwindigkeit u des signalgebenden Sterns und, mit Hilfe der Fundamentalbeziehung Gl.(2), den heutigen Abstand D zu diesem bei Empfang des Signals

$$u = c \cdot \frac{(z+1)^2-1}{(z+1)^2+1} \tag{3b}$$

$$D = T_0 \cdot c \cdot \frac{(z+1)^2-1}{(z+1)^2+1} \tag{3c}$$

Für den Abstand d zwischen Erde und Stern zum Zeitpunkt der Aussendung des Signals gilt

$$d = D \cdot \frac{c}{c+u} \tag{4}$$

denn das Licht braucht zum Zurücklegen der Strecke d die gleiche Zeit wie der Stern zum Zurücklegen der Strecke (D-d).

Die tatsächlich gemessenen Entfernungen im Kosmos werden aus astronomischen Beobachtungen bestimmt, insbesondere aus Helligkeitsmessungen von sogenannten kosmischen Standardkerzen. Aus einfacher Physik ist die Wurzel aus der Leuchtkraft F (bei großen Entfernungen) umgekehrt proportional zum Quadrat der Entfernung . Im Kosmos stellen Supernova Ia solche Standardkerzen dar, da sie am Ende ihrer Lebenszeit stets mit einem gleich großen Lichtausstoß verglühen.

Das Ergebnis einer Vielzahl solcher Abstandsmessungen war, dass die Leuchtkraft von Supernovae Ia stärker als mit dem Quadrat der (Lichtlaufzeit-)Entfernung abnimmt. Dieses Ergebnis kann durch die im Standardmodell enthaltene Ausdehnung des Raumes erklärt und als Beweis für die Richtigkeit dieses Modells betrachtet werden. Denn während das Licht unterwegs ist, dehnt sich zum einen der Raum und zum anderen die Wellenlänge von Licht aus. Beide Effekte führen bei Ankunft zu einer Abnahme der Strahlungsenergie und damit der Leuchtkraft und lassen auf eine entsprechend große Entfernung schließen. Doch ist wirklich keine andere Erklärung für die Leuchtkraft-Abnahme als Raumexpansion möglich?

Tatsächlich kann die zum Quadrat der Entfernung überproportionale Abnahme der Leuchtkraft auch in diesem aus dem Gedankenexperiment hervorgegangenen Modell erklärt werden. Im Bezugssystem der Erde ist die beobachtete Leuchtkraft umso kleiner je höher die Geschwindigkeit u ist, mit der sich ein Stern von der Erde entfernt. Einmal wegen der geringeren Strahlungsenergie des ankommenden Lichts durch den Faktor λ'/λ (aufgrund der Doppler-Rotverschiebung), und zum anderen durch die relativistische Zeitdilation

$$\Delta t = \; = \Delta t'/\sqrt{(1 - u^2/c^2)}$$

bei dem sich mit der Geschwindigkeit u entfernenden Stern. Hierbei beruht die auf der Erde pro Zeiteinheit empfangene Strahlung auf einer um den Faktor $\sqrt{(1 - u^2/c^2}$ verkürzten Ausstrahlungszeit, bei entsprechender Reduktion der empfangenen Strahlungsenergie.

Wenn F' die tatsächliche Leuchtkraft des Stern ist, gilt für seine reduzierte Leuchtkraft F'_d im Bezugssystem der Erde bei Aussendung des Signals (also der Entfernung d) unter Berücksichtigung der Gleichungen (3)

$$F'_d = \frac{\lambda'}{\lambda} \cdot \frac{\Delta t'}{\Delta t} \cdot F' = \frac{1}{z+1} \cdot \sqrt{1 - \frac{u^2}{c^2}} \cdot F' = \frac{c-u}{c} \cdot F' = \frac{2}{(z+1)^2+1} \cdot F'$$

Diese Leuchtkraftreduktion hängt nur von der für einen Himmelskörper konstanten Entfernungsgeschwindigkeit u zur Erde ab.

Für die Wahrnehmung der Leuchtkraft auf der Erde F^d ist jedoch noch eine zusätzliche Änderung der Leuchtkraft zu berücksichtigen. Einmal durch das Quadrat der Entfernung d bei Aussendung des Lichtes und zum anderen durch intergalaktische Extinktion der Leuchtstärke (z.B durch Streuung und Absorption des Lichtes) für die in dieser Arbeit näherungsweise eine gleichmäßige Extinktionsrate f (1/Mpc) der Leuchtstärke zugrunde gelegt wird. Für die weitere Fortbewegung des Sterns erfolgt gemäß diesem Modell keine Reduzierung der Geschwindigkeit u . Es ergibt sich damit

$$F^d = \frac{2}{(z+1)^2+1} \cdot \frac{1}{d^2} \cdot e^{-f \cdot d} \cdot F'$$

Würde die gemessene Leuchtstärke F^d komplett auf eine „Entfernung“ d^L bezogen ergäbe sich

$$d^L \sim \sqrt{\frac{F'}{F^d}} = \sqrt{\frac{(z+1)^2+1}{2}} \cdot e^{0,5 \cdot f \cdot d} \cdot d$$

und für die „Entfernung“ D^L zum Zeitpunkt der Lichtankunft

$$D^L = d^L \frac{D}{d} \sim \sqrt{\frac{(z+1)^2+1}{2}} \cdot \frac{D}{d} \cdot d \cdot e^{0,5f \cdot d} = \sqrt{\frac{(z+1)^2+1}{2}} \cdot e^{0,5 \cdot f \cdot D \cdot \frac{c}{c+u}} \cdot D \qquad (5)$$

Die Faktoren in Gl.5 entsprechen aber den durch die eben erwähnten physikalischen Effekte bedingten Leuchtkraftminderungen. Die „Entfernung“ D^L ist hier der rechnerische Wert, der sich ergäbe, wenn die auf der Erde gemessene geringere Leuchtkraft allein durch eine größere Entfernung verursacht wäre und wird deshalb im vorliegenden Modell fiktive Leuchtkraftentfernung genannt.

Für kosmisch kleine Entfernungen, also $z \approx 0$ kann aus anderen physikalischen Entfernungsbestimmungen der Proportionalitätsfaktor C‘ zwischen der auf der Erde ankommenden Leuchtkraft F und Entfernung D bestimmt werden

$$D = C' / \sqrt{F} \qquad (6a)$$

Wenn C‘ bestimmt ist, kann aus der gemessenen Leuchtkraft die jeweilige Entfernung berechnet werden.

Im Standardmodell der Kosmologie wird die geringere Leuchtkraft F^d auf eine durch Raumexpansion zugenommene Entfernung zurückgeführt und in obiger Gleichung (6a) ist dann F durch F^d zu ersetzen

$$D^L = C' / \sqrt{F^d} \qquad (6b)$$

wobei die entsprechend größere Entfernung D^L als Leuchtkraftentfernung bezeichnet wird.

Im Modell dieser Arbeit beruht die reduzierte Leuchtkraft F^d jedoch auf der Entfernungsgeschwindigkeit u des Senders und dessen Entfernung d bei Absendung des Lichtes, deshalb gilt hier für die heutige Entfernung D nach wie vor Gl. (3c). Dennoch wird ebenfalls der Begriff Leuchtkraftentfernung verwendet, wenn auch mit dem Zusatz „fiktiv“, um die Modell-Daten mit den veröffentlichten Leuchtkraftentfernungen vergleichen zu können. Beim Vergleich mit dem Standardmodell der Kosmologie entspricht deren Leuchtkraftentfernung unserer „fiktiven“ Leuchtkraftentfernung D^L gemäß Gl. (5), denn im ersteren Fall beinhaltet sie zusätzlich die Raumausdehnung während der Transfer-Zeit des Lichtes vom Sender zum Empfänger, so wie hier zusätzlich die Entfernung des mit der Geschwindigkeit u sich entfernenden Sterns während eben dieser Zeit. Dabei ist wesentlich, dass die Fliehgeschwindigkeit eines Sterns gleich der Expansionsgeschwindigkeit des Raumes an dessen Position ist (siehe Abb.5). Dieser Vergleich der Leuchtkraftentfernungen ist im Grunde ein Vergleich von gemessener und mit diesem Modell berechneter Leuchtkraft F^d eines Sterns mit der heutigen Entfernung D zur Erde. Die Extinktionsrate f wurde aus diesem Vergleich zu $f = 0,00061$ (1/Mpc) bestimmt (Abb.4). Der Unterschied zwischen beiden Entfernungsangaben ist in Abb. 2 dargestellt.

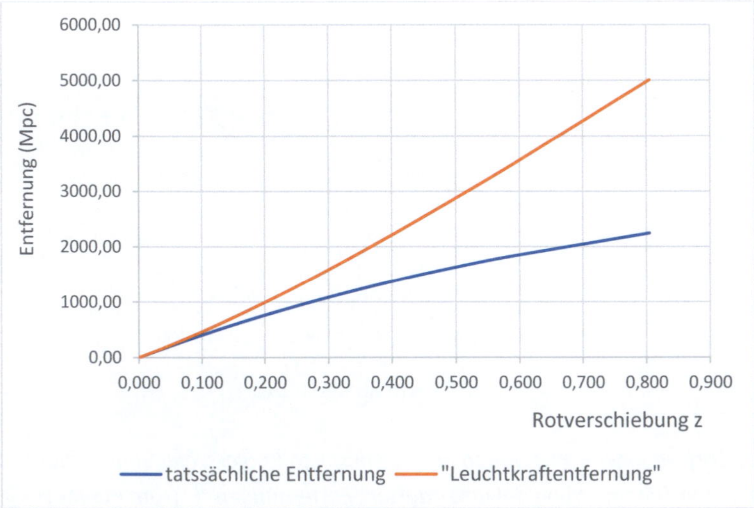

Abb.2 *Vergleich der tatschlichen Entfernung D mit der fiktiven Leuchtkraftentfernung D^L jeweils berechnet auf Basis des Modells dieser Arbeit*

Man erkennt, dass ab Entfernungen entsprechend etwa z = 0,1 im Modell dieser Arbeit eine deutlich zunehmende Reduktion der Leuchtkraft im System der Erde vorliegt, die bei z=0,8 schon eine mehr als doppelt so große Entfernung „vortäuscht“.

Als Beispiel für diese Situation wird hier für die weit entfernte Galaxie UDFy-38135539 mit einer Rotverschiebung von z=8,55 eine „Leuchtkraftentfernung“ D^L von etwa 180 Mrd. Lichtjahren rechnerisch bestimmt, obwohl in diesem Modell die tatsächliche, heutige Entfernung D nur etwa 13,4 Mrd. Lichtjahre beträgt.

Last not least, liefert das Modell die Erklärung für die stärker als lineare Zunahme der „Leuchtkraft-Entfernung“ mit der Rotverschiebung z, die sich hier direkt aus der physikalischen Begründung durch Fliehgeschwindigkeit u des Sterns und dessen Entfernung d bei Absendung des Signals ergibt und keine Einführung eines weiteren Parameters erfordert.

4. Vergleich der Modell- Vorhersagen mit veröffentlichten kosmologischen Daten

Das aus dem Gedankenexperiment hergeleitete Modell des Kosmos beinhaltet “Vorhersagen“ von heutigen Entfernungen entfernter Sterne zur Erde. Diese Vorhersagen sind allein modellbedingt und enthalten keinerlei Anpassungs- Parameter. Zur Bewertung dieses Modells sind diese „theoretischen“ Modellentfernungen mit den tatsächlich gemessenen Entfernungen zu vergleichen. Letztere wurden veröffentlichten Dateien [5),6)] entnommen

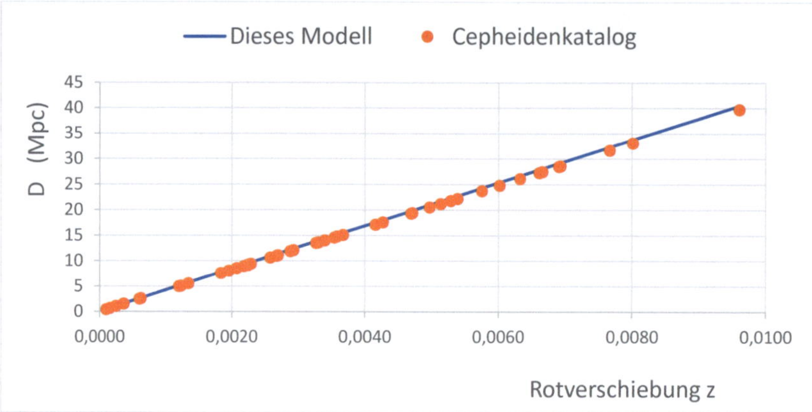

Abb.3 *Vergleich der Entfernungs- Vorhersagen bei kosmischen Rotverschiebungen (blaue Gerade) mit im Cepheiden-Datenkatalog dokumentierten Entfernungen [5)] (rote Punkte)*

Für Entfernungen bis 40 Mpc ist dieser Vergleich in Abb. 3 dargestellt. Die Übereinstimmung der Vorhersagen des Modells mit den gemessene Werten ist ausgezeichnet, um nicht zu sagen identisch. Aufgrund der geringen Entfernungen von Rotverschiebungen z kleiner als 0,01 sind die Auswirkungen der etwas geringeren Leuchtkraft noch unwesentlich und auf weniger als einem Prozent begrenzt. Die systematische Abweichung von etwa zwei Prozent zu den publizierten Werten[5)] liegt in den unterschiedlichen Annahmen der Hubble-Konstante, die in dieser Arbeit mit dem theoretischen Model- Wert (siehe weiter unten) von 70,9 (km/(Mpc·s) implizit enthalten ist. Es ist zu erwähnen, dass in Abb.3 die im Cepheiden-Katalog[5)] mit Hilfe der Rotverschiebung berechneten Entfernungen zum Vergleich herangezogen wurden.

Es wird betont, dass in dieser Arbeit die Hubble-Konstante (interpretiert als die lineare Anpassung der weiter unten aufgeführten Formel (7) für kleine Geschwindigkeiten) ein integraler Bestandteil des Modells ist. Die heutigen Entfernungen von Sternen ergeben sich ohne Umweg über die Hubble-Konstante direkt aus der Fundamentalbeziehung (2) und dem Dopplereffekt. Im kosmologischen Standardmodell ist dagegen die Hubble-Konstante ein Parameter, der die Raumausdehnung des Kosmos beschreibt und dessen Wert festgelegt wird, um Übereinstimmung mit den gemessenen Daten zu erreichen.

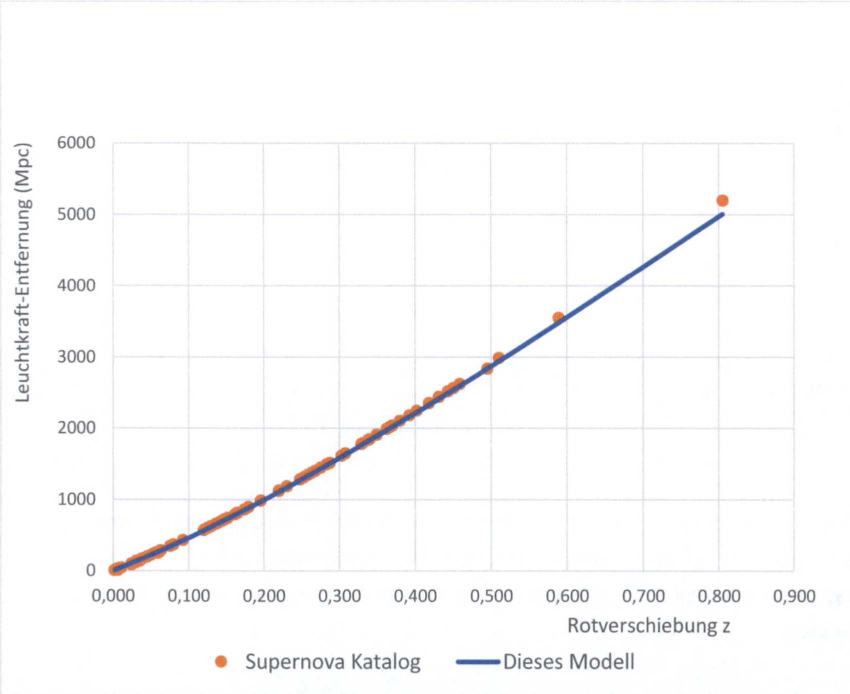

Abb.4 *Vergleich der gemäß des vorliegenden Modells berechneten fiktiven Leuchtkraft-Entfernungen (blaue Kurve) von Supernova Ia Ereignissen mit den im Rahmen des Standardmodells dokumentierten Leuchtkraft- Entfernungen [6)] (rote Punkte) jeweils in Abhängigkeit von der kosmischen Rotverschiebung*

Abb.4 zeigt den Vergleich der veröffentlichten Leuchtkraft-Entfernungen[6)] von Supernova Ia Ereignissen mit den nach diesem Modell ermittelten (fiktiven) Leuchtkraftentfernungen D^L bis hin zu etwa z=0,8 . Diese Entfernungen stimmen perfekt überein, wobei für die Extinktionsrate ein Wert von f = 0,00061 (1/Mpc) ermittelt wurde. Dieses Ergebnis bedeutet zugleich die perfekte Übereinstimmung der gemessenen Leuchtkraft eines Sterns mit der nach diesem Modell berechneten Leuchtkraft dieses Stern beim heutigen Abstand D. Der fundamentale Unterschied zum Standardmodell liegt in der Interpretation der Leuchtkraftminderung, die hier durch wohlbekannte physikalische Effekte und nicht durch die Hypothese der Ausdehnung des Raumes begründet wird. Im Standardmodell erfordert die (gegenüber der Rotverschiebung z) überproportionale Leuchtkraftminderung ferner die Einführung eines weiteren Parameters .

Eine erstaunliche Übereinstimmung mit dem Standardmodell zeigt sich beim in Abb.5 dargestellten Vergleich der Geschwindigkeiten bzw. Entfernungsänderungen.

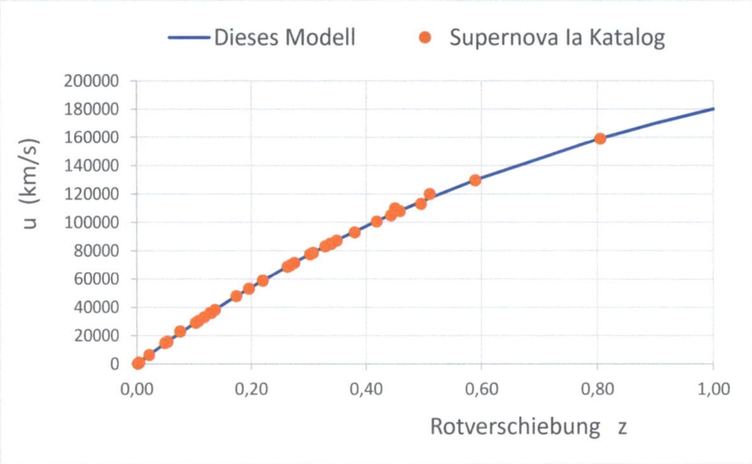

Abb.5 *Vergleich der in diesem Modell vorliegenden Fliehgeschwindigkeiten ferner Sterne (blaue Kurve) mit den im Ramen des Standardmodells veröffentlichten Expansionsgeschwindigkeiten [6)] (rote Punkte) jeweils in Abhängigkeit von der kosmischen Rotverschiebung*

Die Übereinstimmung der in den Dateien für kosmische Rotverschiebung angegebenen Geschwindigkeiten mit unseren Werten ist wiederum nahezu perfekt. Das könnte man auch so deuten, dass es der Rotverschiebung „egal ist" aus welchen Gründen der Abstand zwischen zwei Punkten größer wird, sei es durch Entfernungsgeschwindigkeit mit dem Dopplereffekt oder durch die Raumausdehnung. Es ist außerordentlich verblüffend, dass trotz der völlig unterschiedlichen Annahmen zwischen diesem Gedankenexperiment einerseits (Entfernung der Gestirne durch eine Kraft) und dem Standardmodell andererseits (Ausdehnung des leeren Raumes), die Beschreibung der Entfernungszunahmen von Sternen praktisch perfekt übereinstimmt. Das bedeutet

- einerseits, dass in diesem Modell das Licht eines Stern mit der Fliehgeschwindigkeit u aufgrund des Dopplereffektes eine Rotverschiebung z erfährt

- andererseits, dass im Standardmodell des Kosmos das Licht eines Sterne, dessen Abstand zum Beobachter mit der gleichen Geschwindigkeit u zunimmt , aufgrund der hypothetischen Raumausdehnung die gleiche Rotverschiebung z erfährt, nun kosmische Rotverschiebung genannt.

Der Vorzug des Modells dieser Arbeit ist, dass die Rotverschiebung durch einen wohlbekannten physikalischen Effekt, die Dopplerverschiebung, erklärt wird und dass es keine Einführung zusätzlicher Parameter bedarf. Ferner könnten Hypothesen entfallen, wie z.B. Begründung der Rotverschiebung durch Raumausdehnung und weshalb die

Raumausdehnung selbst im Milchstraßensystem nicht wirksam ist und bislang experimentell nicht nachgewiesen werden konnte. Eine kritischer Vergleich mit dem Modell einer Ausdehnung des Raumes zur Erklärung der Rotverschiebungen ist in Anlage 4 skizziert.

Die naheliegende Idee, die Rotverschiebung durch den Dopplereffekt zu erklären ist beileibe nicht neu, sie wurde selbst noch von Hubble vertreten. Später wurde diese Sichtweise abgelehnt, da man sich die damit verbundenen hohen Geschwindigkeiten nicht erklären konnte. Das aus diesem Gedankenexperiment abgeleitete Modell liefert nun genau diese Erklärung.

Es wird betont, Gleichungen Gl. 2 und (3) gelten nur für die vom Urknall herrührenden Geschwindigkeiten. Diese Beziehungen sind jedoch nur bedingt bzw. überhaupt nicht mehr anwendbar bei Geschwindigkeiten, die durch spätere kosmische Ereignisse beeinflusst bzw. geprägt sind. Letzteres ist insbesonders bei kosmisch „kleinen" Geschwindigkeiten der Fall. Um die vom Urknall herrührenden Doppler- Rotverschiebungen zu bestimmen, müssen die gemessenen Rotverschiebungen von später erfolgten Geschwindigkeitsänderungen sowie anderen Effekten, die sich auf die Rotverschiebung auswirken (sowohl des Senders als auch des Empfängers) bereinigt werden. Dies wird umso schwieriger, je kleiner die gemessene Rotverschiebung ist. Die Verifizierung der Beziehungen kann deshalb vor allem bei entfernteren Sternen erfolgen, wo der Einfluss späterer kosmischer Ereignisse vernachlässigt oder korrigiert werden kann.

5. Theoretischer Modell-Wert der Hubble Konstante

Da in diesem Modell die Rotverschiebung z auf dem Dopplereffekt beruht, kann die klassische Definition des Hubble-Parameters H

$$H = c \cdot z / D$$

mit Hilfe obiger Gleichungen (3) umgeformt werden zu

$$H = c \cdot \frac{\sqrt{(c+u)/(c-u)} - 1}{u \cdot T_0} \tag{7}$$

Für kleine Geschwindigkeiten ist die rechte Seite der Gleichung nahezu konstant und geht bei auf Null abnehmender Geschwindigkeit asymptotisch in $1/T_0$ über.

$$H_0 = \lim_{u \to 0} \left(c \cdot \frac{\sqrt{(c+u)/(c-u)} - 1}{u \cdot T_0} \right) = 1/T_0 = 70{,}9 \ (\mathrm{km}/(\mathrm{Mpc} \cdot \mathrm{s})) \tag{8}$$

Es wird darauf hingewiesen, dass hier die Hubble-Konstante aus dem Modell, insbesondere der Fundamentalbeziehung (2), resultiert, während sie im Standardmodell als Parameter zum Abgleich mit den gemessenen Werten festgelegt wird.

6. Bewegungsgleichung und 2. Friedmann- Differentialgleichung

Die folgende Betrachtung bezieht sich auf das Bezugssystem des Beobachters im Zentrum U des Ausgangsraumes („U-System") nach der Bildung des M(-)-Kerns und einer Übergangszeit T*. Näherungsweise wird wieder angenommen, dass sich die gesamte m(+)-Materie in einer Kugelschale mit dem Radius r um den Bezugspunkt U befindet. Dann wird im Abstand r auf ein sphärisches Flächenelement $M(+)/4\pi r^2$ folgender radiale Druck ausgeübt

$$M(+)\cdot\frac{\ddot{r}}{4\pi r^2} = \frac{G}{4\pi r^4}\cdot M(-)\cdot M(+) - \frac{G}{8\pi r^4}\cdot M(+)\cdot M(+) \quad \Big| \cdot \frac{r}{M(+)} \tag{9}$$

$$\frac{\ddot{r}}{r} = \frac{4\pi G}{r^3}\cdot\left(\frac{1}{4\pi}\frac{M(-)}{M(+)}\,M(+) - \frac{1}{8\pi}M(+)\right)$$

Mit $M(+) = \frac{4}{3}\cdot r^3\cdot\pi\cdot\rho$ folgt

$$\frac{\ddot{r}}{r} = \frac{4\pi G}{3}\cdot\left(\frac{M(-)}{M(+)}\cdot\rho - \frac{1}{2}\rho\right) \tag{10}$$

(Anmerkung: Bei Annahme des Extrems einer isotropen Verteilung der m(+)- Materie um einen M(-)-Kern hätte man statt Gl. (9)

$$M(+)\cdot\frac{\ddot{r}}{4\pi r^2} = \frac{3\cdot G}{8\pi r^4}\cdot M(-)\cdot M(+) - \frac{3\cdot G}{20\pi r^4}\cdot M(+)\cdot M(+) \quad \Big| \cdot \frac{r}{M(+)} \tag{9'}$$

und statt Gl. (10)

$$\frac{\ddot{r}}{r} = \frac{4\pi G}{3}\cdot\left(\frac{3\cdot M(-)}{2\cdot M(+)}\cdot\rho - \frac{3}{5}\rho\right) \tag{10'}$$

Dieser extreme Ansatz wird nicht weiter verfolgt, da er zu einem sehr vergleichbaren Ergebnis führt. Das „zentripetale" Potential wäre dann nur 40 statt 50 % des „zentrifugalen" Potentials . Dies deutet darauf hin, dass das zentripetale Potential etwas kleiner sein dürfte als die in Gl.10 enthaltenen 50% des zentrifugalen Potentials.)

Dabei ist in Gl. (10)

- $r(t)$ die mittlere Entfernung der m(+)-Materie vom Ort des Urknalls
- $\ddot{r}$ die zweite Ableitung von r nach der Zeit t
- M(+) bzw. M(-) die Masse der gesamten m(+)- bzw. m(-)- Materie , wobei M(+) = M(-)
- G die Gravitationskonstante und
- ρ die Dichte der m(+)-Materie

Die in der heutigen Kosmologie verwendeten Weltmodelle beruhen wesentlich auf der zweiten Friedmann-Differentialgleichung (DGL) und sind geeignet die verschiedenen denkbaren Entwicklungen des Kosmos zu beschreiben. In dieser Arbeit wird von der klassischen zweiten Friedmann DGL ausgegangen,

$$\frac{\ddot{a}}{a} = \frac{4\pi G}{3} \cdot \left(- \frac{3\,P}{c^2} - \rho \right) \tag{11}$$

die noch nicht die von Einstein verworfene kosmologische Konstante Λ enthält. Dabei ist

- a der sogenannte dimensionslose Skalenfaktor a(t) der die Dynamik z.B. die Expansion des Kosmos bezogen auf einen festen Radius r_0 beschreibt mit $r(t) = a(t) \cdot r_0$
- $\ddot{a}$ die zweite Ableitung von a nach der Zeit t
- G die Gravitationskonstante
- ρ die Dichte der Materie
- P der Druck, in Übereinstimmung mit der Allgemeinen Relativitätstheorie

Beim Vergleich von Gl. (10) mit der 2. Friedmann DGL erkennt man leicht, dass mit dem Ansatz

$$- \frac{3\,P}{c^2} = \frac{M(-)}{M(+)} \cdot \rho + \frac{1}{2}\,\rho$$

die Zweite Friedmann DGL identisch zur Gleichung unseres Gedankenexperimentes ist und dieser Ansatz eine Lösung der zweiten Friedmann DGL darstellt.

Dazu drängen sich folgende Anmerkungen auf:

- Der Skalenfaktor a der Gleichung (11) ist mathematisch gleichwertig zum Skalar r von Gleichung (10).

- Eine physikalisch anschauliche Erklärung obiger Gleichungen (10) und (11) ergibt sich aus einer Dimensionsbetrachtung, nach der diese Gleichungen einen Druck definieren. Dies erkennt man leicht, wenn beide Seiten mit $M(+)/4\pi r$ bzw. $m/4\pi a$ multipliziert werden. Dann beschreibt die rechte Seite den spezifischen Druck der auf ein sphärisches Flächenelement im Abstand r ausgeübt wird. Der erste Term in der Klammer von Gl. (10) ist für die Ausdehnung des Kosmos verantwortlich und entspricht dem Expansionsdruck. Er hat deshalb positives Vorzeichen. Der zweite Term gibt jeweils den nach innen gerichteten Druck an , der aus der Gravitation resultiert und deshalb negatives Vorzeichen hat.

- In gleicher Weise kann man diese Gleichungen als spezifische Raumenergie betrachten, wenn beide Seiten mit $3M(+)\cdot dr/4\pi r^2$ bzw. $3m\cdot da/4\pi a^2$ multipliziert werden. Positive bzw. negative Energie bedeutet in Gl.(10) Zu - bzw. Abnahme der (kinetischen) Energie entsprechend Ab- bzw. Zunahme des zugehörenden Potentials. Hier kann dem vom M(-)-Kern ausgehenden Expansionsdruck eine Raumenergie zugeordnet werden, die näherungsweise doppelt so groß ist wie die der Gravitation zuordenbare (negative) Raumenergie.

- Der Faktor ½ im zweiten Term in der Klammer von Gl.(10) ergibt für das Verhältnis von Expansions- zu Kontraktionsdruck bzw. der entsprechenden spezifischen Raumenergien einen Wert von 0,67 zu - 0,33. Für den anderen Extremfall einer isotropen Materie- Verteilung (Gleichung 10' der obigen Anmerkung) würde dieses Verhältnis 0,71 zu - 0,29 betragen. Je nach tatsächlicher Verteilung der m(+) Materie und unter Berücksichtigung relativistischer Effekte wird das Verhältnis zwischen diesen eben genannten Werten liegen. In beiden Fällen wurden gleiche Gesamtmassen unterstellt, also M(-) = M(+).

- Das aus dem Gedankenexperiment entwickelte Modell liefert direkt das richtige Vorzeichen und näherungsweise das richtige Verhältnis der im Kosmos wirkenden Kräfte bzw. der zugehörenden spezifischen Raumenergien

- Der Faktor vor der Klammer enthält die Gravitationskonstante G. Wie immer man auch immer den ersten Term in der Klammer von Gleichung (9) interpretiert, er hat durch den Faktor G offensichtlich mit Gravitation zu tun.

7. Sensitivitätsanalyse

Die Ergebnisse dieses aus dem Gedankenexperiment hergeleiteten Modell des Kosmos beruhen auf zwei Modelleigenschaften: Erstens der Konstanz der Geschwindigkeit der expandierenden Materie ab einem Zeitpunkt T* nach dem Urknall und zweitens, dass dieser Zeitpunkt T* vernachlässigbar klein gegenüber der bis heute seit dem Urknall vergangenen Zeit von rund 13,8 Mrd. Jahren ist. In dieser Sensitivitätsanalyse wird nachgewiesen, dass diese Modelleigenschaften weitgehend unabhängig von den Daten des anfangs postulierte Ausgangszustand des Kosmos sind.
Bei der für dieses Modell entscheidenden Transformation in das Bezugssystem der Erde, Anhang 3, Gl. (2), spielen die Größen $\overline{\varepsilon}'$, ε_0', ε' und ε'_x, also die Abweichungen von der

Lichtgeschwindigkeit c, eine entscheidende Rolle. Es ist daher zu analysieren ob und wie die Ergebnisse dieses Modells von der absoluten Größe dieser Werte abhängen. Nach Anhang 2 ergeben sich je nach Größe des Ausgangraumes von Null bis einige Lichtjahre für die jeweiligen Abweichungen von der Lichtgeschwindigkeit Werte von

$\overline{\varepsilon}' = 10^{-A}$ m/s mit A von etwa $8 < A < 30 < B$ sowie

ε_0', ε', ε'_x jeweils $= \overline{\varepsilon}' \cdot 10^{a_i} = 10^{-A+a_i}$ mit $|a_i| < 3$

Durch Einsetzen in die Transformationsgleichungen (Gl.(2a) und (2b) von Anhang 3) erkennt man, dass der Wert der Abweichung $\overline{\varepsilon}'$ der mittleren Geschwindigkeit $\overline{u}'$ von der Lichtgeschwindigkeit c , charakterisiert durch A, keine Rolle spielt, da sich der Faktor 10^{-A} in den Transformationsformeln herauskürzt. Nur die relativen Unterschiede a_i der jeweils konstanten Geschwindigkeiten spielen für die Transformation eine Rolle.

Die Transformation-Gleichungen sind auch unabhängig von der räumliche Position der Massepunkte im U-System, da es bei der Transformation nur auf die Geschwindigkeiten ankommt.

im System der Erde sind somit die Geschwindigkeiten der expandierenden Materie nicht nur konstant sondern insbesondere unabhängig vom Parameter A. Deshalb haben verfeinerte oder bessere Methoden zur Berechnung der mittleren Abweichung $\overline{\varepsilon}' = c - \overline{u}'$ keinerlei Einfluss auf das Ergebnis. Insbesondere ist es unerheblich wie groß der Radius b des Ausgangsraumes angesetzt wird und welchen Ausgangszustand (z.B. welche der Gleichungen 1(a), (1b) oder (1c) von Anhang 2) man der Berechnung zugrunde legt.

Für den Zeitpunkt T* ab dem die Geschwindigkeit konstant ist , ist dagegen der Radius b des Ausgangsraumes von Einfluss. Jedoch wie aus Gl. (5) von Anhang 2 hervorgeht ist selbst bei Radien des Ausgangsraumes von über einigen hundert Lichtjahren Konstanz schon nach etwa einer Million Jahren erreicht also klein gegenüber der bis heute seit dem Urknall vergangenen Zeit. Bei zu einem Atomkern vergleichbar dichter Packung wurde in Anhang 2 für etwa 10^{54} kg baryonischer Materie ein Radius von etwa einer Lichtstunde geschätzt. Also ein beruhigend weiter Bereich für die Validität des Modelleigenschaft, dass T* gegenüber der bis heute seit dem Urknall vergangenen Zeit vernachlässigbar klein ist.

Es kann somit festgestellt werden: So lange der Radius b des Ausgangszustandes sich innerhalb eines Bereiches von Null bis über einem Lichtjahr bewegt ist in sehr guter Näherung erstens die Expansionsgeschwindigkeit der Materie im System der Erde konstant und invariant von den speziellen Annahmen hinsichtlich Größe und potentieller Energie des Ausgangszustandes und zweitens ist die Zeit T*, ab der die Konstanz vorliegt, vernachlässigbar klein gegenüber der heute seit dem Urknall vergangenen Zeit von 13,8 Mrd. Jahren.

Ferner kann erwähnt werden, dass das Modell dieser Arbeit nicht von der Existenz der sogenannten Dunklen Materie abhängt. Wenn die eingangs definierte m(+)-Materie nur aus normaler Materie bestünde, würden alle Gleichungen und Schlussfolgerungen dieser Arbeit unverändert weiter gelten.

8. Zusammenfassung

Das aus diesem Gedankenexperiment abgeleitete Modell des Kosmos liefert Vorhersagen für Entfernungen und Geschwindigkeiten. Diese stimmen perfekt mit den im Extragalactic Cepheid Database des Konkoly Observatoey [5)] sowie der im Supernova Katalog von Guillochon et al. [6)] veröffentlichten Geschwindigkeiten und Distanzen überein. In diesem Modell wird die kosmische Rotverschiebung „wieder" auf den Dopplereffekt zurückgeführt. Für die Hubble Konstante ergibt sich ein theoretischer Wert von 70,9 (km/(Mpc·s) . Die Konfiguration des Gedankenexperimentes ist eine Lösung der zweiten Friedmann-DGL und erfüllt das kopernikanische Prinzip für den Kosmos. In erster Näherung wird das Verhältnis der spezifischen Raumenergien von baryonischer und Dunkler Materie einerseits und der für die Ausdehnung des Kosmos verantwortlichen Energie andererseits mit 0,33 zu 0,67 beschreiben, wobei 0,33 als obere und 0,67 als untere Grenze betrachtet werden kann.

Die nahezu perfekte und fast verblüffende Übereinstimmung der Modellwerte mit den gemessenen kosmologischen Daten bestätigt die Nützlichkeit und Sinnhaftigkeit der aus dem Gedankenexperiment hergeleiteten Schlussfolgerungen und das Modell stellt deshalb eine zur Raumausdehnung alternative Erklärung der Eigenschaften des Kosmos dar.

Das aus diesem Gedankenexperiment abgeleitete Modell des Kosmos beschreibt nur die vom Urknall direkt herrührende Effekte. Alle späteren Folgen/Ereignisse wie Hintergrundstrahlung, Galaxienbildung, Entstehung der Elemente, Schwarze Löcher usw. bleiben davon unberührt .

Anhang 1

Überlegung zum Anfangszustand des Modells

Die in dem Gedankenexperiment definierte Ausgangsanordnung ist offensichtlich instabil. Geht man in dieser Anordnung zeitlich zurück, wird das von den m(+)-Materie eingenommene Volumen immer kleiner und die m(-) und m(+) Materie wird sich in dem Volumen immer dichter kompaktieren bis sie ihre ursprüngliche Verteilung einnehmen. Wenn wir diese Anordnung auf den Kosmos anwenden wollen ist zu klären, ob und wenn ja unter welchen Bedingungen die philosophische Forderung nach einem stabilen Anfangszustand erfüllt werden kann.

Folgende Bedingungen sind zur Erfüllung dieser Forderung notwendig und hinreichend

- Es gibt gleich viel m(+) und m(-)-Materie, die homogen in einem kugelsymmetrischen Raum verteilt sind und
- die Abstoßung von m(+) zu m(-) bzw. Anziehung von m(-) zu m(-) erfolgt mit der Wechselwirkungskonstanten -G bzw. + G, also der Gravitationskonstanten

Es ist leicht zu sehen, dass diese Bedingungen hinreichend sind, da dann in diesem Raum keinerlei kumulierende, langreichweitigen Kräfte vorliegen und ein Gleichgewichtszustand herrscht. Die Notwendigkeit dieser Bedingung ergibt sich daraus, dass in diesem kugelsymmetrischen Raum auf einen beliebigen Massepunkt, z.B am Rand, keine Kraft wirken darf.

Durch Integration über alle Einzelpotentiale einer homogenen gleichmäßigen Verteilung von m(-) und m(+)-Materie in einem kugelsymmetrischen Raum mit dem Radius b erhält man für das Potential P im Anfangszustand

$$P = -\frac{3}{5}\cdot\frac{1}{b}G\cdot M(-)\cdot M(-) - \frac{3}{5}\cdot\frac{1}{b}G\cdot M(+)\cdot M(+) + \frac{6}{5}\cdot\frac{1}{b}G\cdot M(+)\cdot M(-) = 0$$

Dieser Gleichgewichtszustand kann in diesem Modell als Anfangszustand oder Urzustand des Kosmos definiert werden. Dieser Urzustand beinhaltet zwei gigantische Potentiale, nämlich die negativen Anziehungspotentiale der m(-)- sowie der m(-)- Materie jeweils zu sich selbst und ein doppelt so großes positives Abstoßungspotential zwischen der m+) und m(-)- Materie. Diese Potentiale heben sich im oben definierten Gleichgewichtszustand genau auf. Die philosophischen Aspekte bezüglich dieses Urzustand bleiben offen, wie er geschaffen und wie lange er existiert hat.

Aus physikalischer Sicht ist dieser Urzustand ein labiler Gleichgewichtszustand, denn in dem Moment, in dem sich eine Materiesorte - aus welchen Gründen auch immer - im Zentrum zu akkumulieren beginnt, wird eine lawinenartig anwachsender Vorgang einsetzen, derart, dass immer mehr dieser Materie zum Zentrum hin angezogen und die andere Materiesorte davon abgestoßen wird und damit eine Entladung dieser oben angeführten Potentiale stattfindet. Dieser Separationsvorgang kann als Urknall bezeichnet werden, wobei die m(+)-Materie expandiert während die m(-)-Materie sich im Zentrum zu einem M(-)-Kern hin konzentriert.

Die Verteilung und Geschwindigkeit der radial expandierenden Materie nach diesem Urknall wird wegen der zu berücksichtigenden Massen der Größenordnung 10^{54}kg und ihrer additiven Wirkung allein der Gravitation zugeordnet. Wenn wir für die Packungsdichte der m(+)-Materie die Dichte eines Atomkerns annehmen, hätte der Urzustand einen Radius b von etwa einer Lichtstunde, also etwa 0,00011 Lichtjahre. Unabhängig von der genauen Größe kann man aus oben stehenden Daten beim Aufbrechen des Urzustandes Beschleunigungen von über 10^{15} m/s² (schon bei b=1 Lichtjahr) erkennen, so dass bei diesem „Urknall" die m(+)- Materie in Sekundenbruchteilen mit fast Lichtgeschwindigkeit expandiert.

Die m(+)-Materie befindet sich dann für den im Zentrum dieses Raumes befindlichen Beobachter näherungsweise in einer Kugelschale mit dem Radius $r = c \cdot T$, wobei c die Lichtgeschwindigkeit und T die seit dem Urknall vergangene Zeit ist. Damit beträgt das Potential P(r) der m(+)-Materie

$$P(r) = \frac{G}{r} \cdot M(-) \cdot M(+) - \frac{G}{2r} \cdot M^2(+)$$

Zu Beginn der Separation kann man näherungsweise r =b setzen.

$$P(b) = \frac{G}{b} \cdot M(-) \cdot M(+) - \frac{G}{2b} \cdot M^2(+) \qquad (2)$$

Gleichung (2) entspricht dem Potential der m(+)-Materie unseres im Hauptteil definierten Ausgangszustandes des Kosmos

Eine auch philosophisch sehr bedeutsame Folgerung aus dieser Definition des Urknalls ist, dass hier keine Verletzung des makroskopischen Energie-/Massenerhaltungssatzes stattgefunden hat. Alle Materie und Energie hat schon vor dem Urknall existiert.

Die nach Beginn der Separation einsetzenden anderen Wechselwirkungen werden wegen ihrer lokalen Wirkung für die großräumige Wirkung der Gravitation keine Rolle spielen und können bezüglich der Expansion vernachlässigt werden. Sie führen zu einer Aufheizung der expandierenden Materie und sind zusammen mit der weiteren Gravitation für die späteren Ereignisse im Kosmos , z.B. Galaxienbildung und Mikrowellenhintergrund, verantwortlich.

Anhang 2

Expansionsgeschwindigkeit der Materie

Bei der Berechnung der kinetischen Energie der kugelsymmetrisch expandierenden m(+)-Materie der Ausgangsanordnung wird davon ausgegangen, dass die gesamte m(-)-Materie im Zentrum des Ausgangsraumes kontrahiert ist. Dies entspricht auch der Materieverteilung, die im Gedankenexperiment für den Ausgangszustand hergeleitet wurde. Die mittlere kinetische Energie der gesamten m(+) -Materie ergibt sich aus der Abnahme des Potentials der m(+)-Materie vom Ausgangszustand mit einem Anfangsradius b bis hin zur Expansion auf einen Radius r .

Das Potential des postulierten Ausgangszustandes beträgt

$$P(b) = \frac{G}{b} \cdot M(-) \cdot M(+) - \frac{G}{2b} \cdot M^2(+) \qquad (1a)$$

wenn man näherungsweise, da sämtliche m(+)-Materie schon nach kurzer Zeit nahezu Lichtgeschwindigkeit besitzt, von einem dünnen Randbereich ausgeht in dem sich die m(+) Materie befindet.

(Anmerkung: Man könnte auch, entsprechend Anhang 1, als Ausgangspunkt des m(+)-Potentials das einer homogenen gleichmäßigen Verteilung von m(-) und m(+)-Materie in einem kugelförmigen Raum mit dem Radius b wählen

$$P(b) = + \frac{6}{5} \cdot \frac{G}{b} \cdot M(+) \cdot M(-) - \frac{3}{5} \cdot \frac{G}{b} \cdot M(+) \cdot M(+) \qquad (1b)$$

Unabhängig davon könnte man auch annehmen, dass die m(+)-Materie im Falle eines M(-)-Kerns statt auf der Kugelschale isotrop innerhalb des Radius b verteilt ist. In diesem Fall wäre das Potential

$$P(b) = + \frac{3}{2} \cdot \frac{G}{b} \cdot M(-) \cdot M(+) - \frac{3}{5} \cdot \frac{G}{2b} \cdot M(+) \cdot M(+) \qquad (1c)$$

Wie in der Sensibilitätsanalyse (Punkt7 des Hauptteils) gezeigt wird, hätte ein anderes Ausgangspotential keine Auswirkungen auf die Ergebnisse dieser Arbeit.)

Nach einer Ausdehnung des gesamten m(+)-Materie auf den Radius r beträgt das Potential P(r) der m(+)-Materie

$$P(r) = \frac{G}{r} \cdot M(-) \cdot M(+) - \frac{G}{2r} \cdot M^2(+) \qquad (2)$$

Die an die m(+)-Materie übertragene kinetische Energie E_{kin} ergibt sich aus der Differenz der Potentiale P(b) - P(r) , und mit M(-) = M(+) = M hat man

$$E_{kin} \;=\; \frac{G}{2b} \cdot M^2 - \frac{G}{2r} \cdot M^2 \qquad (3)$$

mit $\quad \bar{u}' = c - \bar{\varepsilon}'$ sowie $\bar{\varepsilon}' \ll c \quad$ gilt in sehr guter Näherung

$$E_{kin} \;=\; M \cdot \Big(\frac{1}{\sqrt{\left(1 - \frac{\bar{u}'^2}{c^2}\right)}} - 1 \Big) \cdot c^2 \;=\; M \cdot \sqrt{\frac{c}{2\bar{\varepsilon}'}} \cdot c^2$$

Dabei ist $\bar{u}'$ die mittlere radiale Expansions-Geschwindigkeit der gesamten m(+)- Materie und $\bar{\varepsilon}'$ die sehr geringe Abweichung von $\bar{u}'$ zur Lichtgeschwindigkeit . Mit ' werden die Daten markiert wie sie der fiktive Beobachter im Zentrum des Ausgangszustandes wahrnehmen würde („ U-System“). Mit obiger Gleichung 3 und Auflösen nach $\bar{\varepsilon}'$ erhält man

$$\bar{\varepsilon}' \;=\; \frac{2 \cdot c^5 \cdot b^2}{G^2 \cdot M^2} \cdot \left(1 + \frac{2b}{r}\right) \qquad (4a)$$

und bei $r \gg b$

$$\bar{\varepsilon}' \;=\; \frac{2 \cdot c^5 \cdot b^2}{G^2 \cdot M^2} \qquad (4b)$$

Nach Einsetzen von Gesamtmasse $M = n \cdot 10^{54}$ kg und Anfangsradius b (Lichtjahre) ergibt sich näherungsweise

$$\bar{\varepsilon}' \;=\; (b^2/n^2)\; 10^{-13} \text{ m/s} \qquad (4c)$$

Schon bei einer Expansion vom Radius b des Ausgangszustandes auf einen etwa tausendfach größeren Radius, entsprechend einer seit Beginn der Expansion vergangenen Zeit T*

$$T^* = 1000 \cdot b/c \text{ (Jahre)} \qquad (5)$$

ist mit einer Genauigkeit von etwa 0,1 % (siehe Gl. 4a) bereits Konstanz der radialen Fliehgeschwindigkeit der m(+)-Materie erreicht. Der Beobachter im Zentrum des Ausgangsraumes würde dann feststellen, dass sich die m(+) Materie seit einer Zeit T* mit einer konstanten, mittleren Fliehgeschwindigkeit $\bar{u}' = c - \bar{\varepsilon}'$ ausbreitet. Dabei ist T* klein gegenüber einer Zeit von T_0= 13,8 Milliarden Jahre, solange der Ausgangsraum einen kleineren Radius als selbst 100 Lichtjahre besäße. Die sehr erstaunliche und wichtige Schlussfolgerung ist dann, dass sich die Materie ab einer vernachlässigbar kurzen Zeit während der weiteren Expansion mit konstanter Geschwindigkeit radial ausbreitet.

Bei der Packungsdichte des Ausgangszustandes vergleichbar mit der eines Atomkerns wäre zum Beispiel b etwa 0,00011 (Lichtjahre) und T* kürzer als ein Jahr. Somit eine beruhigend große Spanne hinsichtlich der Belastbarkeit dieser Schlussfolgerung. Die Konstanz der Geschwindigkeit ist auch unabhängig vom detaillierten Ablauf während der Anfangszeit der Expansion , da es nur auf die Differenz der Potentiale ankommt.

Für die weiteren Analysen legen wir für die mittlere Geschwindigkeit einen Wert von

$$\overline{u}' = c - \overline{\varepsilon}' = c - 10^{-A} \text{ m/s} \quad , \quad \text{ca. } 8 < A < 30 < B$$

zu Grunde. Bei einem sehr kleinen Ausgangsraum kann B , und damit auch A noch größere Werte annehmen, die hier aber irrelevant sind. Nach Gl. (4c) gibt es einen sehr großen Wertebereich von b und n , dass A tatsächlich innerhalb dieser Grenzen liegt und dann aufgrund der Sensibilitätsanalyse von Punkt 7 die Schlussfolgerungen dieser Arbeit eine solide Basis haben.

Wegen der unterschiedlichen Anfangszustände der einzelnen Massepunkte, siehe z. B. obige Gl. (1b) oder (1c) und wegen der komplexen Dynamik der Expansion, werden deren Expansionsgeschwindigkeiten u_i' vom Mittelwert abweichen. Die Konstanz des Mittelwertes bedeutet auch Konstanz der davon abweichenden Fliehgeschwindigkeiten. Dies ergibt sich schon daraus, dass auch für jeden Massepunkt das Anfangspotential mit 1/r abnimmt und nach etwa tausendfacher Ausdehnung in guter Näherung Konstanz der Expansionsgeschwindigkeit erreicht ist.

Die Geschwindigkeit u_i' eines beliebigen Massepunktes möge vom Mittelwert $\overline{u}'$ wie folgt abweichen

$$u_i' = (c - \varepsilon_i') = (c - 10^{-A+a_i}) \quad \text{(m/s)}$$

Die Vermutung $|a_i| < 3$ ist willkürlich und hat auf die Ergebnisse keine Auswirkungen. Ein Wert von $|a_i| = 2$ würde zum Beispiel bedeuten, dass die kinetische Energie dieses Massepunktes bereits um das 10 -fache von der mittleren Energie eines Massepunktes abweicht.

Anhang 3

Relativistische Geschwindigkeitstransformation

Für die relativistische Geschwindigkeits-Transformation[4)] gilt das Additionstheorem

$$u_x = \frac{(u'_x - v)}{(1 - u'_x \cdot v/c^2)}$$ und

$$u_y = u'_y \cdot \frac{\sqrt{(1-\frac{v^2}{c^2})}}{(1 - u'_x \cdot v/c^2)}$$

dabei ist v die Relativgeschwindigkeit des U- Systems , u'_x die Komponente der Geschwindigkeit u' im (ruhenden) U- System parallel zu v, u'_y die Komponenten im U-System senkrecht zu u'_x sowie u_x und u_y die Geschwindigkeitskomponenten im (bewegten) E- System

In dem hier betrachteten Fall werde das „U-System" durch den Ort U definiert, dem Mittelpunkt des Ausgangszustandes wo sich unser ruhender Beobachter befindet, von dem sich mit der konstanten fast Licht- Geschwindigkeit $v = c - \varepsilon'_0$ der Punkt E („E-System") entfernt, wobei der Punkt E ein beliebiger Punkt in der expandierenden m(+)-Materieschale ist.

Im U-System entfernen sich sämtliche Massepunkte mit konstanter radialer Geschwindigkeit u'(r) vom Beobachter. Die Geschwindigkeiten u'(r) und auch v sind sehr nahe der Lichtgeschwindigkeit c in einem Bereich von $(c - 10^{-A+a})$ bis $(c - 10^{-A-a})$ (m/s) (siehe Anhang 2) . Diese extrem kleinen Abweichungen von der Lichtgeschwindigkeit werden im weiteren mit dem Buchstaben ε' bezeichnet. Der Buchstabe A im Exponenten beschreibt die Abweichung $\overline{\varepsilon}'$ der mittleren Geschwindigkeit $\overline{u}'$ von der Lichtgeschwindigkeit mit einem Wert , der je nach Annahmen über die Größe des Ausgangsraumes zwischen 8 und 30 (oder noch größer) liegen kann. Der Buchstabe a steht für den Variationsbereich der Geschwindigkeit einzelner Massepunkte gegenüber der mittleren Geschwindigkeit $\overline{u}'$.

Die Geschwindigkeit des Punktes S gegenüber dem Punkt E („Erde") ist zu bestimmen. Dazu wird die radiale Geschwindigkeit u' des Punktes S in Komponenten u_x' und u_y' zerlegt: Die x-Achse ist die Gerade vom Punkt U zum Punkt E; längs dieser Achse entfernen sich die beiden Bezugssysteme mit der Geschwindigkeit v. Die y-Achse ist die Gerade senkrecht zur x-Achse vom Punkt E durch den Punkt S. Die x- und y- Komponenten der Radialgeschwindigkeit u', welche einen Winkel ϑ' zur x-Achse bildet sind wegen der hohen

Geschwindigkeit relativistisch zu bestimmen. Der Impuls des Massepunktes S in x-Richtung ist

$$P_x = P\cdot \cos\vartheta' = \frac{mu'\cdot\cos\vartheta'}{\sqrt{(1-\frac{u'^2}{c^2})}} = \frac{m\cdot u_x'}{\sqrt{(1-\frac{u_x'^2}{c^2})}}$$

daraus folgt mit $\varepsilon_x' \ll c$ (selbst für Winkel ϑ' bis über 89,9° noch zutreffend)

$$m\,(c-\varepsilon')\cdot c\cdot \cos\vartheta' / \sqrt{2\varepsilon'} = m\,(c-\varepsilon_x')\cdot c\,/\sqrt{2\varepsilon_x'}$$

$$\varepsilon_x' = \varepsilon' / \cos^2\vartheta' \tag{1}$$

bzw. $u_x' = c - \varepsilon_x'$

Die y- Komponente der Geschwindigkeit ergibt sich daraus, dass sie senkrecht zu u_x' sein muss, also

$$u_y'^{\,2} = u'^{\,2} - u_x'^{\,2} \quad \text{bzw.} \quad u_y' = \sqrt{2c(\varepsilon_x' - \varepsilon')}$$

Durch Einsetzen in das o.g. Additionstheorem und mit $v = c - \varepsilon'_0$ ergibt sich schließlich

$$u_x = \frac{c\cdot(\varepsilon_0' - \varepsilon_x')}{(\varepsilon_0' + \varepsilon_x')} \quad \text{und} \tag{2a}$$

$$u_y = 2c\,\frac{\sqrt{(\varepsilon_x' - \varepsilon')\cdot\varepsilon_0'}}{(\varepsilon_0' + \varepsilon_x')} \tag{2b}$$

Mit Gl.(2a) und (2b) kann die Transformation ausgehend von einem Wert für ε_0' durch Variation der Werte für ε' und ihrer x-Komponente ε_x' durchgeführt werden. Dabei werden die Materiepunkten zugeordneten Geschwindigkeiten Punkt für Punkt auf das Bezugssystem der Erde, übertragen. Die Abbildung hängt noch von der Position der Geschwindigkeit des Punktes E in der radialen Geschwindigkeitsverteilung der Materie des U-Systems ab.

Anhang 4

Vergleich mit dem Konzept der Raumexpansion

1. Das Konzept der Raumrxpansion

Man betrachte zwei sehr entfernte Körper, deren Abstand voneinander zunimmt. Die in der Standardkosmologie hierfür vermutete Erklärung besagt, dass sich der Raum zwischen diesen Körpern ausdehnt, und nicht etwa dass beide Körper gegeneinander eine Fliehgeschwindigkeit besitzen. Neben der philosophischen Problematik, nämlich der Ausdehnung des NICHTS bzw. der Ausdehnung von NULL, sind auch physikalische Eigenschaften erklärungsbedürftig. Zum Beispiel, warum im sich ausdehnenden Raum Form und Anordnung von Körpern zeitlich erhalten bleibt , sei es der Raum zwischen Atomen, Molekülen, Festkörpern oder Himmelskörpern. Dagegen wirkt sich die Raumausdehnung auf elektromagnetische Wellen aus, deren Wellenlänge „gestreckt“ wird, und die dadurch Energie abgeben. Aber nur auf Wellen die den Raum durchqueren, nicht aber auf Wellen innerhalb dieses Raumes. Zu erklären ist ferner, woher der leere Raum die Energie nimmt, damit sich die Materie an seinem Rande, entgegen der Gravitation, voneinander entfernt oder welches physikalische Objekt die vom Licht abgegebene Energie aufnimmt. Wenn man an der Relativitätstheorie festhält kann es in beiden Fällen nicht der leere Raum sein. Dafür sind wiederum weitere Hypothesen erforderlich.

Es wird unterstellt, dass im Standardmodell der Kosmologie all diese physikalischen Besonderheiten des expandierenden Raums mathematisch beschrieben und abgeklärt werden können. Allein die mathematische Darstellung kann noch nicht als Beweis für dessen physikalische Existenz gewertet werden. Die wesentliche Stütze der Raumausdehnung wird darin gesehen, dass nur sie in der Lage sei, eine Reihe von Eigenschaften des Kosmos - wenn auch mit Hilfe von Parametern- hinreichend genau zu beschreiben. Dennoch wurde die Ausdehnung des Raumes bisher experimentell nicht nachgewiesen, weder auf der Erde noch in der Milchstraße.

Für die kosmische Rotverschiebung z gilt im Standardmodell der Kosmologie

$$z = \frac{\lambda - \lambda^1}{\lambda^1} \quad \text{bzw.} \qquad (1)$$

$$\lambda = \lambda' \cdot (1+z)$$

dabei ist λ' die Wellenlänge des von einem Himmelskörper mit er Entfernung D ausgesandten Lichts und λ die vom Empfänger auf der Erde gemessene Wellenlänge.

Nun könnte man den Abstand D in n Strecken unterteilen. Von Strecke zu Strecke nimmt dann die jeweilige Wellenlänge um den Faktor $(1 + z/n)$ zu. Die vom Empfänger gemessene

Wellenlänge λ nach Durchlaufen des in diesen Strecken unterteilten Abstandes D ist dann

$$\lambda = \lambda' \cdot (1 + z/n)^n = \lambda' \cdot \lim_{n\to\infty}\left(1+\frac{z}{n}\right)^n = \lambda' \cdot e^z \qquad \text{bzw.}$$

$$e^z - 1 = \frac{\lambda - \lambda^1}{\lambda^1} \qquad (2)$$

Dies ist in Widerspruch zur obigen Gl. (1).

Für gegenüber 1 sehr kleine Werte von z ist wegen $e^z = 1 + z$ das Ergebnis der beiden Abläufe näherungsweise gleich. Für größere Entfernungen müsste die gemessene kosmische Rotverschiebung durch (e^z -1) interpretiert werden, denn die Rotverschiebung erfolgt sukzessive beim Durchlaufen der betrachteten Strecke, und nicht wie beim Dopplereffekt auf einmal. Die Interpretation der gemessenen Rotverschiebungen durch z anstelle von (e^z -1) führt zunehmend zu einer Überschätzung der Entfernungen. Bei z= 0,8 wäre der Unterschied schon knapp über 20% . Bei sehr großen Rotverschiebungen z.B. für die weit entfernte Galaxie UDFy-38135539 mit einer gemessenen Rotverschiebung von 8,55, also

$$(e^z - 1) = 8{,}55 \quad \text{statt} \quad z = 8{,}55$$

wäre bei unveränderter Hubble-Konstante H = c·z / D der Abstand D rund vier Mal kleiner.

Die tatsächliche Situation ist noch komplexer, da die Raum-Expansion kugelsymmetrisch und proportional zur Entfernung vom Symmetriezentrum, also raumabhängig sein müsste. Sie könnte darüber hinaus noch zeitabhängig sein.

2. Vergleich mit den Ergebnissen dieser Arbeit

Die einzige physikalisch sinnvolle Alternative zur kosmischen Rotverschiebung ist der Erklärungsansatz durch den Dopplereffekt, mit folgenden Eigenschaften/Vorteilen

- Der Dopplereffektes beruht auf existierender, wohlbegründeter Physik. Die Rotverschiebung ergibt sich direkt aus der Entfernungsgeschwindigkeit ohne Anpassung von Parametern und weiteren Annahmen.
- Die erforderlichen, hohen Geschwindigkeiten zur Erklärung der Rotverschiebungen durch den Dopplereffekt ergeben sich zwangsläufig aus dem Modell dieser Arbeit
- Die veröffentlichten Entfernungsgeschwindigkeiten von Sternen basierend auf der kosmischen Rotverschiebungen z (siehe Abb.5) entsprechen genau den Fliehgeschwindigkeiten die zu Doppler Rotverschiebungen von identischen z führen. Es gibt keinen Grund, dass die Ausdehnungsgeschwindigkeit des Raumes bei gegebener Rotverschiebung identisch zu der Fliehgeschwindigkeit sein sollte, die eben diese Doppler-Rotverschiebung bewirkt. Wenn bei einem so unterschiedlichen Ansatz Zufall

- ausgeschlossen wird, spricht dies eher für die direkte physikalische Begründung durch den Dopplereffekt und nicht für eine neue Hypothese
- Die überproportional zum Quadrat der Entfernung abnehmende Leuchtkraft kann auch durch die den Dopplereffekt verursachenden Fliehgeschwindigkeiten in Verbindung mit der von der Entfernung abhängigen intergalaktischen Extinktion erklärt werden
- Die im vorliegenden Modell berechneten Entfernungen (dargestellt als „Leuchtkraftentfernungen“ siehe Abb.4) stimmen im Gegensatz zum Raum-Ausdehnungsmodell perfekt mit den gemessenen Werten überein. Tatsächlich ist dies eine Übereinstimmung der gemessenen Leuchtkraft mit der nach diesem Modell berechneten Leuchtkraft.

Die nahezu perfekte und fast verblüffende Übereinstimmung der Modellwerte mit den gemessenen kosmologischen Daten bestätigt die Nützlichkeit und Sinnhaftigkeit der aus dem Gedankenexperiment hergeleiteten Schlussfolgerungen . Das daraus hergeleitete Modell mit der darin zwingend enthaltenen Doppler-Rotverschiebung stellt eine zur Raumausdehnung alternative Erklärung der Entfernungen und Entfernungsgeschwindigkeiten im Kosmos dar.

Literatur

(1) Liddl A. (2009) Einführung in die moderne Kosmologie. Wiley VcH Weinheim

(2) Unzicker A. (2012) Auf dem Holzweg durchs Universum, Hanser München

(3) Beer O. (2019) Dunkle Energie und Kosmos, Cuvillier Verlag, Göttingen

(4) V. Laue M. (1961) Die Relativitätstheorie, Friedr. Vieweg & Sohn Verlag

(5) Konkoly Observatory (2020) Extragalactic Cepheid Data Base, cepheids.konkoly.hu

(6) Guillochon et. al. (2020) The Open Supernova Catalog, http://sne.space (2017), The Astrophysical Journal, Volume 835, Issue 1